LA
COULURE DU RAISIN

SES CAUSES ET SES EFFETS

MOYENS DE L'EMPÊCHER

PAR

CHARLES BALTET

Horticulteur à Troyes

Président de la Société Horticole, Vigneronne et Forestière
Membre résidant de la Société Académique de l'Aube
Commissaire délégué de la Viticulture à l'Exposition universelle de Paris en 1867
Membre fondateur de la Société des Agriculteurs de France
Membre honoraire, titulaire ou correspondant de plusieurs Sociétés savantes.

TROYES

IMPRIMERIE ET LITHOGRAPHIE DUFOUR-BOUQUOT
Rue Notre-Dame, 41 et 43

MDCCCLXXI

LA
COULURE DU RAISIN

SES CAUSES ET SES EFFETS

MOYENS DE L'EMPÊCHER

PAR

CHARLES BALTET

Horticulteur à Troyes.

Président de la Société Horticole, Vigneronne et Forestière
Membre résidant de la Société Académique de l'Aube
Commissaire délégué de la Viticulture à l'Exposition universelle de Paris en 1867
Membre fondateur de la Société des Agriculteurs de France
Membre honoraire, titulaire ou correspondant de plusieurs Sociétés savantes.

TROYES

IMPRIMERIE ET LITHOGRAPHIE DUFOUR-BOUQUOT
Rue Notre-Dame, 41 et 43

MDCCCLXXI

LA COULURE DU RAISIN

Ses Causes et ses Effets

MOYENS DE L'EMPÊCHER

—

DES CAUSES ET DES EFFETS DE LA COULURE

La coulure du raisin est un des grands fléaux de la viticulture.

On entend par *coulure*, des fleurs mal fécondées ou avortées, des fruits qui n'ont point noué. La coulure n'est pas contagieuse, ce n'est pas une maladie, c'est le résultat d'accidents amenés par des causes différentes.

Une des principales causes réside dans l'alternance brusque de la température ou dans son abaisssement subit au printemps. Voici comment nous expliquons le fait :

Le temps de la floraison est le moment critique de la formation du fruit; le résultat en est subordonné à l'acte de la fécondation et aux circonstances atmosphériques qui l'accompagnent. Le mécanisme de la fécondation des végétaux est bien simple. Les étamines (organe mâle) et les pistils (organe femelle) de la fleur étant arrivés à leur point naturel de rapprochement et d'imprégnation, les anthères de l'organe mâle s'ouvrent avec élasticité et laissent échapper le pollen ou poussière fécondante qui retombera sur le stigmate du pistil pour imprégner et animer les ovules.

Ce rapprochement intime a pour ennemis principaux la froidure qui énerve les organes, et la pluie qui entraîne ou délaie le pollen. Un beau temps calme, chaud, serein, favorise la fécondation ; cependant un orage chargé d'électricité serait moins dangereux qu'un vent impétueux ou un brouillard prolongé.

La chaleur est éminemment favorable à la vigne ; or, le froid qui est le déficit de la chaleur ne peut que lui nuire. Son action désastreuse est encore plus sensible au temps de la floraison. Aussi, la température basse qui précède ou qui suit le moment de l'épanouissement des fleurs augmente-t-elle les risques de la coulure. Dans le premier cas, le ralentissement de la végétation affaiblit la vigueur des organes et l'élaboration du pollen, alors la panicule florale de la vigne s'amoindrit ou se transforme en vrille. Dans le second cas, la défaillance de l'énergie vitale rend l'ovaire caduc à tel point qu'il se fond ; une grappe de raisin bien nouée peut se dégarnir jusqu'aux rudiments des pédicelles ; le pédicelle se dessèche, le grain tombe.

La pluie glaciale, plus lourde qu'une pluie douce, peut dans sa chute entraîner l'ovaire fécondé, après l'avoir découvert du petit capuchon formé par la cohésion des pétales restés soudés à leur sommet. Parfois, l'avortement est tellement radical sur certains cépages, que l'on se demande si la corolle ne présenterait pas cette originalité de l'isolement des pétales retenus à la base sur le réceptacle, ouverts au sommet, et laissant ainsi le fruit embryonnaire exposé à l'action directe de la température.

En dehors des phénomènes météoriques, la coulure pourrait être encore provoquée par l'excès de végétation aussi bien que par la faiblesse de la végétation. Une exubérance de sève noie les éléments fructifères d'autant mieux que dans ces conditions, les tissus ligneux et amylacés des rameaux et des bourgeons ne sont pas parfaitement constitués ; *les feuilles mangent le fruit,* suivant une locution pittoresque. Si, au contraire, la plante est délicate, il arrivera que le pollen, habituellement riche d'azote et de phosphore, réclamant pour son élaboration une somme d'efforts que la séve appauvrie ne saurait lui procurer, fonctionnera imparfaitement, et le fruit sera lui-même chétif, incomplet, manqué. Quand le sol est épuisé, les spongioles de la plante ne peuvent y trouver les éléments organiques réclamés par les bouches aériennes, et son affaiblissement général en est la conséquence.

Quelques causes secondaires de la coulure, amenées par un vice de culture ou par la constitution du cep, seront indiquées à la fin de cette notice.

DES MOYENS D'EMPÊCHER LA COULURE

Nous reconnaissons donc trois causes principales de la coulure accidentelle des raisins : 1° l'excès de vigueur des ceps ; 2° une végétation chétive ; 3° le froid et la pluie pendant la floraison.

Les causes étant connues, voici comment on les combattra préventivement :

A. — L'excès de végétation sera réprimé, ou plutôt utilisé au profit du champ de vigne et du propriétaire par une MÉTHODE RATIONNELLE DE CULTURE.

B. — La végétation chétive deviendra luxuriante avec une CULTURE AMÉLIORANTE PAR LES ENGRAIS.

C. — L'influence des intempéries sera détournée par la concentration sur l'appareil floral des éléments nutritifs de la plante, au moyen des opérations suivantes :

C. I. **Le pincement des rameaux fructifiants ;**
C. II. **La suppression des vrilles ;**
C. III. **L'écimage de la grappe ;**
C. IV. **L'incision annulaire du sarment.**

Nous passerons sous silence la méthode d'un viticulteur bourguignon (M. Petitjean), qui s'arme d'un bâton matelassé et frappe le pied des ceps pour terrasser la coulure.

N'est-ce pas de la même province qu'un soi-disant arboriculteur (M. Poulet) recommandait de rouer de coups de trique la tige des arbres stériles pour les amener à fruit? Quelle discordance entre ces formes brutales et la prudence discrète des gens sensés qui n'osent entrer dans leurs vignes pendant la floraison, afin de laisser s'accomplir dans le mystère le rapprochement des organes !

Abordons maintenant chacun des procédés que nous recommandons.

A. — Méthode rationnelle de culture.

Nous ne voulons pas faire ici un cours de viticulture, ni examiner quelles sont les conditions de sol, de climat, d'orientation propres à l'arbuste ; nous supposons le champ de vigne en bonne venue, nous voulons le soigner de manière à en tirer la plus grande production possible sans qu'il en soit fatigué.

Si les ceps sont plantés trop profondément, — cause d'infertilité, — il conviendrait de les provigner de $0^m 20$, en entourant le provin d'une pelletée de terreau indiqué au chapitre suivant, et en disposant les sujets en ligne. L'intervalle à respecter entre les plants et les lignes est calculé sur l'extension probable des ceps.

Les treilles seront établies en fil de fer ou en perches et tuteurs sulfatés. Le système en ligne a l'avantage sur la vigne en désordre de simplifier les frais de culture, d'amener la charrue-vigneronne au pied des ceps, d'augmenter l'aération et l'insolation des sarments et des raisins.

En supposant que la vigne pèche par excès de vigueur, nous la taillerons à long bois et la palisserons en abaissant, en ployant ou en tordant la branche à fruit. Dans ce cas, on observera les principes suivants : taille longue, ébourgeonnement modéré, pinçage successif, suppression des gourmands, palissage rigoureux, effeuillage gradué, labours superficiels, absence totale d'engrais liquide et de fumier, privation momentanée d'amendements et d'excitants. Plus tard, la taille longue deviendra taille mixte et la branche à fruit sera raccourcie de moitié, à moins d'exceptions. On comprend que nous ne parlions pas de taille courte lorsqu'il s'agit d'une vigueur extraordinaire à dompter et à faire fructifier.

Une fois la vigne ramenée à l'état normal, elle serait soumise à une culture rationnelle. Nous en posons les jalons sous forme de calendrier ; nos observations sont basées sur une température moyenne.

Janvier. — Terrage des vignes ; extraction des souches mortes ou à peu près ; réparation des chemins, des treilles ; travaux d'assainissement ; préparation des sarments-bouture pour la pépinière, on les coupe avec talon et on les stratifie horizontalement dans un trou avec des lits de terre.

Février. — Provignage pour garnir les vides ; mise en place de nouveaux ceps avec de jeunes élèves d'un an, ou des rameaux-boutures que l'on entoure d'un demi-panier de terreau ; préliminaires de la taille par le retranchement des brindilles inutiles, des branches à fruit épuisées.

Préparation de la terre à pépinière par le bêchage et la fumure ; la pépinière est utile pour tenir en réserve quelques élèves en nourrice.

Mars. — Plantation ; provignage ; taille combinée au moyen de coursons et de longs bois, quand la végétation le permet, sinon, taille courte ; commencer les fumures de printemps avec des engrais terreux ; remonter la terre des vignes en pente ; extirper les mauvaises herbes ; se mettre en mesure pour les nombreux travaux qui s'annoncent.

Avril. — Tailler ; planter ; provigner ; râcler les mousses et lichens sur les vieilles souches ; recéper les vignes gelées, les ceps mal formés ; greffer en fente souterraine les cépages à restaurer ; planter les boutures en pépinière. Paisseler les vignes dès le premier labour (pour prolonger la durée des échalas, on les fait tremper tout aiguisés, pendant huit jours, dans un bain de sulfate de cuivre, dosé à raison de 2 kilogr. de sulfate par hectolitre d'eau). Redresser les treilles en fil de fer par la tension à la force des bras, sans raidisseur ; sombrer la terre buttée au pied des ceps ; épandre l'engrais liquide ; palisser les branches et les coursons ; incliner, courber les longs bois.

Mai. — Pailler le sol sujet à gercer ou à brûler ; palisser la branche à fruit avec arqûre, torsion, inclinaison ; labourer la vigne par un beau temps ; enfouir l'herbe ou la porter au fumier ; supprimer par l'ébourgeonnement les jeunes pousses stériles qui naissent sur la souche, ou qui sont inutiles à la forme du cep ; détruire en tout temps les insectes, les escargots, etc. ; commencer le pincement et le palissage des scions fructifiants les plus avancés.

Quand la gelée menace, disposer dans le champ de vigne de petits récipients en métal, comme des boîtes à sardine, que l'on emplit d'huile lourde ; après minuit et avant l'aurore, on y met le feu, alors une fumée épaisse couvre le champ et le préserve du refroidissement.

Juin. — Continuer l'ébourgeonnement ; pincer les rameaux à 6 feuilles au-dessus de la grappe ; palisser les scions déjà grands ; éviter de pincer et d'accoler les rameaux faibles ; soufrer la vigne avant et après la fleur ; retrancher les vrilles ; écimer la thyrse florale.

Pendant la fleuraison de la vigne, il est prudent de ne point ébourgeonner, ni palisser, ni labourer ; seul, le pincement des scions fructifiants serait admissible.

Juillet. — Biner la vigne après la fleur ; continuer le pincement ; entretenir le palissage pour permettre aux agents atmosphériques d'agir favorablement sur le bois et sur le fruit ; épamprer, c'est-à-dire couper à une feuille du talon les jets anticipés nés sur le rameau herbacé, à l'exception du jet terminal de seconde pousse qui sera rogné à trois ou quatre feuilles ; extirper les jets au collet du cep.

Août. — Continuer l'épamprage ; rogner assez long les rameaux gardés pour la taille future , ils formeront les futurs coursons et les futures branches à fruit ; enterrer les rognures herbacées au pied des ceps ou sur le tas d'engrais ; tenir la terre en état de propreté. Vers la fin du mois, détacher quelques feuilles dans les parties confuses, autour des grappes, et seulement en dessous et à leur côté nord.

Septembre. — Achever les labours, à moins de pluie ; accoler sans confusion les rameaux portant fruits, pour favoriser la coloration du raisin et empêcher la pourriture ; continuer l'effeuillement avec précaution en ménageant à titre de parasol, les feuilles qui préservent la grappe de l'action directe de la lumière ; on ne touche pas aux feuilles qui n'accompagnent pas de grappes, et l'on effeuille moins dans les situations chaudes.

Remarquer les sujets d'une mauvaise nature pour les détruire, les malades pour les soigner, les meilleurs pour les propager par bouture, greffe ou provin.

Dans certaines localités, on vendange ; huit jours avant la récolte, on peut effeuiller totalement le raisin, de manière à l'exposer à l'action directe de la rosée et des rayons caloriques et lumineux.

Octobre. — Vendanger par un beau temps et à la complète maturité du raisin ; on reconnaît cet état à la vue et au goûter du fruit, à la couleur plus accentuée de la râfle, le pépin lui-même passe du vert clair au brun, et la fleur cendrée, bleuâtre, qui pruine la grume a fait place à un coloris brillant, vernissé ; il y a peut-être là le résultat d'une excrétion cireuse, mucilagineuse, ou d'une huile essentielle que la pulpe exsude au profit de la cuvaison.

Novembre. — Fumer les vignes comme nous l'indiquerons plus loin, en dégageant le collet et en couvrant les racines d'amendement préparé à l'avance ; fumer avant tout les ceps malades ou fatigués. Relever la terre au pied des ceps, sans dégager les racines ; dépaisseler les vignes à pied.

Décembre. — Mêmes travaux qu'en novembre et en janvier. Terrer les ceps déchaussés; remonter les terres dans les champs en déclivité; préparer des échalas; commencer les travaux de terrassement et de réparation.

Il ne faudrait pas croire que ces jalons soient invariables et complets; nullement. La vigne se soumet à trop de méthodes de culture pour qu'il soit possible de les résumer dans un tableau unique. Si le vigneron est très satisfait de sa méthode de culture, s'il n'en connaît point de supérieure après en avoir expérimenté d'autres, il n'a qu'à rester dans cette tradition. Mais s'il est soucieux de l'avenir de la viticulture et de sa maison, nous l'engageons à expérimenter les conseils que nous venons de résumer.

Si, après cette épreuve, les accidents de coulure persistent, la faute n'en serait plus au système cultural, mais à la santé de la vigne ou aux intempéries. Alors les chapitres ci-après devraient être consultés.

B. — Culture améliorante par les engrais.

Une vigne fatiguée à la suite d'une production abondante ou atteinte dans ses organes par des causes maladives, ne reviendra à la vigueur qu'avec le concours parcimonieux d'engrais appropriés à la nature du terrain.

Les meilleurs amendements que l'on puisse fabriquer sont des mélanges de diverses substances, capables d'améliorer le sol et de ranimer la végétation; ici encore, nous invitons le cultivateur à s'inspirer de son expérience.

On prépare les composts à l'avance afin que leurs éléments aient le temps de s'assimiler et que le coup de feu soit passé, de telle sorte qu'il n'y ait plus à craindre de fermentation qui entraînerait la moisissure des racines. L'engrais étant réduit à l'état de terreau, ces craintes disparaissent. Un engrais non consumé conviendrait sous forme de couverture ou de paillis.

Employé seul, le fumier présente des inconvénients; mais stratifié de lits de bonne terre recueillie soit à la surface des champs fumés, soit dans les prés ou sous les taillis, il constitue un bon amendement. On établit des tas de 1ᵐ 30 de haut par couches alternatives de terre et de fumier; tous les mois, on les arrose avec de l'eau de purin ou de lessive. Six mois après, l'engrais converti en terreau est arrivé à point.

Comme il s'agit d'encourager une production ligneuse, il serait avantageux d'introduire dans les tas d'engrais, des matières fertilisantes à décomposition lente, telles que : gadoue, râclure de cour, de route, d'étable, limon de rivière, curures de fossé, résidus de fosse d'aisance, cendres de bois, de houille et de four à chaux, suie, chiffons de laine, phosphates, herbages, gazons, feuilles d'arbres, sarments hachés, poussières de charbon, tourteaux de graines, noir animal, résidus de distillerie, de marcs, débris d'os, râpures de corne, sels minéraux, nitrate de potasse, sulfate de fer, décombres, etc. Ces ingrédients seront croisés, mélangés, mis en tas avec la terre et le fumier, arrosés avec les eaux de ménage, les déjections animales, les rinçures de tonneau, remués, manipulés souvent, en prenant soin que les lits de terre soient en contact direct avec le fumier. Avec une richesse semblable d'éléments végétatifs, le fumier devient une superfétation. Toutes les substances indiquées ne sont pas indispensables ; on utilise celles que l'on trouve, et l'on tâche d'apporter au sol les principes qui lui font défaut.

Par ce procédé, 20 mètres cubes de fumier de ferme se trouveront transformés en 100 mètres cubes de terreau. En temps ordinaire, 60 mètres suffisent pour fumer un hectare de vigne tous les quatre ans, soit 15 mètres cubes par année et par hectare. Comme il s'agit de la restauration d'une vigne malade, on portera à 25 ou 30 mètres cubes la quantité d'engrais pour un hectare.

On pratique la fumure à l'automne, aussitôt la chute des feuilles, et les vendanges finies, vers le mois de novembre. On déchausse le cep avec précaution, dans la zone parcourue par les racines, et l'on répand le terreau dans le trou, de manière que les chevelus y puisent leur nourriture. Il convient de ravitailler avec prodigalité les sujets les plus souffrants.

Il vaut mieux donner moins d'engrais à la fois, et répéter l'opération plus souvent, par exemple une fois chaque année, jusqu'à guérison complète.

Le même compost est employé pour planter un champ de vigne ou le provigner; une pelletée de terreau suffit à chaque plant.

On pourrait encore donner un coup de charrue dans l'espace intercalaire des treilles et y enterrer l'amendement, mais si la vigne n'était pas souffrante en totalité, il vaudrait mieux adopter la fumure individuelle, afin de forcer l'engrais aux plants délicats, et le ménager aux plants forts. A l'égard de ceux-ci, on doit entretenir la vigueur et non l'exciter outre-mesure, au détriment du raisin et du vin.

Un de nos voisins, M. Dupont-Poulet, utilise avec succès, dans son vignoble de Montgueux, le mélange de boues de rues avec les résidus de chaux ayant servi à l'épuration des gaz d'éclairage, cette chaux carburée entre pour un cinquième dans la composition.

Dans le *Livre de la Ferme et des Maisons de campagne*, par P. Joigneaux, M. Marès recommande le soufrage des fleurs contre la coulure, et M. de Vergnette-Lamotte, un composé de poudre d'os et d'urine en fumure.

L'enfouissement en vert de plantes semées exprès dans le champ de vigne, rend au sol du carbone, de la potasse, des phosphates et de l'humus, dont la vigne est gourmande.

Quand l'affection est grave, on double l'effet de la fumure souterraine avec un paillis extérieur en litière. Après la récolte, on enterre cette couverture au milieu des treilles, et on la renouvelle au printemps, s'il y a lieu.

Dans les terres noires, ou siliceuses, ou argileuses, on répandra à la surface du sol, des platras, de la craie; la marne convient aux alluvions secs et les argiles délitées rafraîchiront les terrains légers, sablonneux ou calcaires. Les labours annuels aideront à leur assimilation.

Si la vigne est ravinée par suite de la déclivité du sol, un terrage sera toujours salutaire.

Après ces apports de substances fortifiantes, de sucs nourriciers, si la vigne reprend ses forces, on modère la fumure, puis on cesse totalement; il ne conviendrait pas de transformer la vigne débile en vigne folle, et de nuire à la qualité de son fruit. Si elle recommençait à couler, il n'y aurait plus à hésiter, elle reviendrait au rang des vignes soumises aux opérations spéciales indiquées dans cette notice contre l'exubérance de végétation, ou contre l'inclémence de la température.

C. — Procédés contre les intempéries.

Nous avons dit que ces moyens étaient de quatre sortes :

Le pincement des rameaux fructifiants ;
La suppression des vrilles ;
L'écimage de la grappe ;
L'incision simple et l'incision annulaire.

Ces diverses opérations pourront être pratiquées isolément ou combinées sur le même cep. Plus le plant sera vigoureux et sujet à la coulure, plus on redoublera d'efforts en y accumulant les remèdes qui ont fait leurs preuves depuis longtemps dans des vignobles placés sous des conditions toutes différentes.

Les abris en paillassons et en toile sont coûteux et d'un maniement difficile ; leur effet incertain n'a pu encore leur donner asile dans la grande culture.

C. I. — Pincement des scions fructifiants.

Le pincement, c'est-à-dire le rognage des rameaux fructifiants, équilibre la végétation du cep, et contribue à donner de la nourriture au fruit, en même temps qu'il dispose le sarment à la lignification. L'absence du pincement serait au détriment de la charpente équilibrée du plant de vigne, et contraire à la beauté du fruit, — la force absorbante des feuilles étant supérieure à celle des raisins. Par la même raison, un rognage tardif sur des rameaux vierges de mutilation antérieure produirait un mauvais effet, par suite d'une réaction violente, et le fruit ne pourrait plus regagner ce qu'il aurait perdu.

L'opinion de plusieurs savants est que le pincement entrave la coulure, en concentrant sur les organes reproducteurs la chaleur et l'acide carbonique. Il est constant que la rupture du rameau porte-fruit suscite un arrêt momentané dans l'ascension de la séve, et le raisin noue mieux. Depuis longtemps, les cultivateurs du Médoc rognent leurs vignes basses avec une sape-faulx, comme s'ils tondaient une haie vive ; ils agissent ainsi quand vient la fleuraison, pour s'opposer à l'avortement des raisins. Dans le canton d'Astaffort (Lot-et-Garonne), M. Léo Dufour, frère de notre imprimeur, nous disait avoir reconnu l'efficacité du *sabrage* contre la coulure par une expérience comparative. Il a imaginé, à cet effet, un couteau-sabre, et chaque année, au moment de la fleur, il abat rapidement la sommité des rameaux accolés aux échalas ; sa récolte est assurée.

La bonne saison du pinçage est pendant que les rameaux sont dans toute leur force végétative. Le premier pincement a lieu vers la fin de mai, alors que la jeune panicule florale se gonfle, se caractérise et se dispose à épanouir, et que le rameau qui la porte s'est allongé au-dessus d'elle de 0^m 50 environ, avec six ou huit feuilles plus ou moins développées.

Environ quinze jours avant la floraison, on mouche le scion herbacé à 0^m 40 ou 0^m 50 au-dessus de la grappe supérieure. On continuera à pincer les rameaux porte-fruits à mesure que leur élongation le permettra, s'ils sont assez forts, le pinçage n'étant pas nuisible pendant la période de la floraison, ni même au-delà.

En pinçant plus court, il y aurait à craindre une irrégularité de maturation dans le raisin ; les uns seraient déjà mûrs pendant que d'autres n'auraient pas changé de couleur. Il faut à la grappe une surface suffisante de feuillage pour lui procurer le carbone et certains gaz atmosphériques nécessaires à son élaboration. Un autre inconvénient du pincement rigoureux serait l'évolution intempestive de pousses prématurées, nuisibles à l'état normal de la vigne.

Un pincement uniforme sur des rameaux qui ne le sont pas aurait pour conséquence fâcheuse de fortifier les forts aux dépens des faibles qui s'affaibliraient encore. Le pincement du rameau fort réprime sa végétation envahissante au profit du rameau faible du même cep. En rognant le brin délicat, on pourrait craindre de le voir affamé par ses voisins plus vigoureux ; son fruit mûrirait difficilement, et ses tissus à peine lignifiés ne porteraient que des bourgeons étiolés pour la taille de l'année suivante.

Après le premier pincement, de nouveaux rejets vont se développer sur le rameau pincé ; on leur appliquera l'épamprage, ou cassure à une feuille, à l'exception du jeune scion terminal que l'on allonge à trois feuilles de l'empâtement. Au lieu de l'arracher, on le conserve pour aider à la nutrition du fruit, l'ombrager contre le soleil et pour entraver la sortie de trop nombreux faux-bourgeons. Ce travail de seconde saison est recommandé par nos viticulteurs en renom, notamment par M. Trouillet Eloi, de Montreuil, qui élève les vignes en buisson, sans échalas, et l'un des plus zélés champions du pincement raisonné.

Un pincement raisonné a tous les avantages, tandis que le pincement immodéré ou à outrance pourrait être fatal à l'avenir de la vigne. Quelle que soit la méthode de culture adoptée, à grande arborescence ou à taille courte, en ligne ou à pied, il faudra pincer assez long, et suivant leur destination, les rameaux de prolongement nécessaires à la construction du cep et ceux qui terminent les branches fruitières, principalement sur les longs bois qui seront supprimés à la taille et qui ont leurs autres rameaux pincés. L'expansion de ces rameaux en liberté, ou rognés en août, pourrait être utile au mouvement séveux sur toute l'économie de la plante; ensuite, il convient de ménager les bourgeons sur lesquels la prochaine taille viendra s'asseoir.

Sur un plant d'une végétation dévergondée, le rognage sera modéré, ou tout au moins, il faudra conserver à titre d'exutoire, de canal de décharge de la séve, plusieurs scions sur toute l'envergure du sujet; en seconde saison, il conviendrait de moucher les plus allongés.

Le pincement serait nuisible sur une vigne malade, sur des ceps débiles, jaunis, fatigués.

Quant aux rameaux stériles dans une vigne bien portante, si l'ébourgeonnement n'en a point fait justice, ils rentrent dans la catégorie des membres de charpente que l'on rogne en juillet-août, afin de ménager leurs yeux de la base et de conserver l'harmonie du branchage.

C. II. — Suppression des vrilles.

Supprimer les vrilles, vulgairement les fourches, qui poussent sur la grappe et sur le sarment, c'est favoriser le développement du raisin et atténuer l'action de la coulure.

Le retranchement des vrilles se pratique pendant toute

la saison ; mais il est indispensable de profiter de la floraison de la vigne pour couper les vrilles qui bifurquent sur les grappes. Le début de la floraison et les quelques journées qui la précèdent constituent la période d'efficacité. Plus tard, la coulure serait un fait accompli, il n'y aurait plus de remède.

L'ablation de la vrille se fait avec les doigts et mieux encore avec des ciseaux. On élague cette végétation gourmande et superflue au ras du pédoncule du raisin, en ménageant un petit talon. Des femmes ou des enfants sauront bien s'acquitter de cette besogne facile.

Nous avons constaté les bons effets de l'*évrillage* sur nos treilles et chez plusieurs propriétaires, particulièrement dans le vignoble modèle de M. Fleury-Lacoste, en Savoie. Nulle part on ne s'en est plaint, et cela avec d'autant plus de raison que si les espérances échouent, ni le cep ni le fruit n'en sont fatigués.

Vers l'année 1815, paraissait dans le midi de la France, une brochure assez curieuse : *Méthode pour empêcher la coulure de la vigne ou le filer du raisin, et pour la préserver du brouillard par le même procédé ; pratique appuyée par l'expérience la plus évidente*, par M. Frances aîné, de Toulouse. Le système repose sur la suppression de la vrille portée par le pédoncule de la grappe. Très enthousiaste de sa nouvelle découverte (bien qu'il en trouve des traces en Italie, en Corse, en Allemagne), comparée à la vaccine contre la variole, l'auteur affirme que 1° « l'extraction du fil couleur » peu de temps avant la floraison, hâte l'épanouissement de la fleur en la préservant des brouillards qui arrivent entre la Saint-Jean et la Saint-Pierre ; 2° « le *fil dévorant* qui est au support de la « grappe, la prive d'une grande partie de la séve vinaire, « il la retient et la garde pour son compte ; alors le raisin « n'étant point nourri dans sa tendre jeunesse *coule* faute « de substance nécessaire à sa formation. »

En outre, l'introduction de ces productions filiformes dans la cuve lors de la vendange ajouterait un principe amer au bouquet du vin ; ce serait en quelque sorte une râfle verte, quasi-ligneuse, une queue de raisin sans raisin donnant de l'âcreté au moût, rien de plus.

L'ouvrage en question accompagne ses préceptes de certificats signés par des agronomes, des vignerons, des horticulteurs du Tarn, de la Haute-Garonne, de la Gironde, confirmant les avantages de l'évrillement dans des proportions notables, au profit de « la nouure ». Nous devons déclarer que M. Frances recommande en même temps l'ébourgeonnement, le pincement, l'épamprage des rameaux, précieuses opérations auxiliaires de la viticulture progressive. L'évrillage ne suffirait pas seul à paralyser la coulure, pas plus que l'écimage de la grappe.

C. III. — Ecimage de la grappe.

Mme Adanson engage les cultivateurs à couper le sommet du râteau de groseilles pendant sa floraison, s'ils veulent le récolter mieux fourni et plus beau. M. Forney recommande le pinçage de la fleur des poiriers en enlevant les fleurs du centre du bouquet au moment de l'ouverture des corolles. Le fruit tient mieux et peut atteindre le maximum de son développement.

Après avoir reconnu la vérité de ces promesses qui se réalisent fort souvent, nous avons essayé un procédé analogue sur la vigne ; nous en avons été satisfait. On se contente de retrancher le sommet de la thyrse florale lors de son épanouissement. Comme chez la plupart des végétaux à floraison paniculée, le degré d'épanouissement se manifeste plus tardivement sur cette sommité. Il est à supposer que la réaction occasionnée par l'ébouquetage tourne au profit de la fécondation.

L'*écimage* de la grappe pourrait se faire avec la main,

les ongles pratiquant facilement la mouchure du pédoncule axillaire; cependant, nous préférons une paire de ciseaux camards, comme ceux qui servent à Thomery, au ciselage des *Chasselas*. On sait qu'à cette occasion de l'éclaircie de la grappe, les jardiniers en coupent l'extrémité, parce qu'elle a le tort de mûrir plus tardivement et de nuire à la beauté, à la régularité du raisin. Mais ici, au lieu d'attendre que le fruit soit en véraison, nous l'opérons à son état rudimentaire, alors que la grume se constitue par la fécondation.

Depuis un temps immémorial, les vignerons du Jura agissent ainsi à l'égard d'un cépage répandu en France, la *Mondeuse*. Non-seulement la physionomie du fruit est changée à son avantage — on récolte un raisin compacte à grains rebondis au lieu d'une panicule amaigrie — mais encore le rendement au pressoir se chiffre très-avantageusement. Les vignes à raisins écimés produisent trois fois plus de vin que les vignes à raisins non écimés.

Le moment favorable à l'opération est la période de floraison de la vigne. La dimension de l'extrémité retranchée équivaut au quart ou au cinquième de la longueur de la grappe.

C. IV. — Incision annulaire du sarment.

L'incision annulaire est une opération par laquelle on enlève un anneau d'écorce sur une branche. En disant écorce, nous comprenons toute l'épaisseur de la couche corticale, sans que l'aubier soit entamé. Il en résulte une perturbation dans la végétation normale du sujet et une tendance pléthorique. La partie située au-dessus de l'incision ralentit sa croissance en longueur, tout en augmentant momentanément sa croissance en diamètre.

La solution de continuité ne doit pas être trop étendue; il convient que le bourrelet de cambium produit par la séve descendante puisse rejoindre la lèvre inférieure et cicatriser la blessure avant la fin de l'année. Une largeur de 1 ou 2 millimètres suffit à la vigne.

Cette cicatrisation de la plaie n'est pas d'une nécessité absolue ; nous avons des exemples de vignes, de poiriers, de pommiers où la non-cicatrisation n'a pas empêché la branche de vivre et de fructifier pendant plusieurs années, tout en perdant, il est vrai, sa rusticité primitive.

Si la branche incisée porte des bourgeons fructifères et si la décortication a lieu pendant la floraison de l'arbuste, surtout à la phase initiale de cette période, le fruit placé au-dessus de la section annulaire nouera mieux, c'est-à-dire coulera moins ; son volume sera supérieur, son coloris vigoureusement accentué, sa maturation précoce ; tandis que si l'on attendait pour opérer que l'épanouissement des fleurs soit terminé, l'influence de l'incision contre la coulure serait nulle ; tout au plus obtiendrait-on une légère avance dans la maturité du fruit.

Malgré ses avantages, l'incision annulaire présente des inconvénients ; de là ses partisans et ses détracteurs. Il y a lieu, cependant, de rester dans un juste milieu, et de considérer l'annellation comme une auxiliaire de la viticulture, sous condition.

L'agriculture n'admet guère de principe absolu. Tel système, excellent sous un climat, pourrait être défectueux dans un autre. La vigne n'offre-t-elle pas l'exemple d'une variété infinie de méthodes de plantation, de taille, de dressage qui ont chacune leurs défenseurs et leurs adversaires ?

Par une observation attentive des faits et des résultats, on peut dire que, sur la vigne, l'incision a plus d'efficacité :

1° Dans un pays froid au printemps, d'une température inégale en été, brumeux à l'automne ;

2° Sous un climat rigoureux, humide, tardif ;

3° Dans un sol riche, fournissant une végétation abondante ;

4° Avec des cépages vigoureux, robustes, ou produisant des raisins à maturité tardive, ou sujets à la coulure;

5° Sur une vigne conduite à long bois plutôt que sur une vigne soumise exclusivement à la taille courte.

Une sécheresse excessive, une terre pauvre, une vigne malade, un cep chétif, un brin faible sont de mauvaises conditions pour l'application de l'incision.

Nous prouverons plus loin que, sur un cep de vigne, l'on peut substituer à l'enlèvement d'un anneau d'écorce, une simple coupure circulaire de la couche corticale. Au point de vue théorique, il y aura moins de perturbation dans l'économie du végétal; au point de vue pratique, le travail est rendu plus facile. Ce serait alors *l'incision simple et circulaire* au lieu de *l'incision double et annulaire*.

THÉORIE DE L'INCISION. — On se demande d'abord jusqu'à quel point le principe vital de la plante peut admettre l'annellation? Essayons d'y répondre.

Chez les végétaux, la circulation du fluide nourricier s'établit par un double courant connu sous les noms de *séve brute* ou *ascendante* et de *séve élaborée* ou *descendante*. Le liquide s'élève par les vaisseaux et les cellules de l'arbre, et vient s'élaborer dans les feuilles, les fruits et autres parties vertes, en laissant évaporer l'eau qu'il contient en excès. La séve, ainsi façonnée, purifiée, réchauffée par les agents atmosphériques, redescend par le système cortical, entre l'écorce et l'aubier, sous la forme de fibres radiculaires ou de cambium, et se dirige vers les racines dont elle va favoriser le développement.

Le mouvement séveux continue ainsi pendant toute la période de la végétation.

Si donc un obstacle tel que la suppression d'un lambeau d'écorce enlevé circulairement sur la tige du sujet vient enrayer le cours de la séve ascendante, le fruit en aura moins à transformer en liquide sucré et entrera plus vite dans sa phase de maturation. Toutefois il y aurait à craindre que par la présence de cette section annulaire, la plante ne reçoive plus dans son système radiculaire, les sucs nutritifs qui lui permettent de puiser dans le sol les éléments de la séve ascendante. Dès lors, les rapports intimes entre l'appareil aérien et l'appareil souterrain seraient brisés, l'équilibre de la force végétative ne tarderait pas à se rompre, et l'arbrisseau finirait par péricliter avec d'autant plus de rapidité que la circoncision serait renouvelée tous les ans d'une façon absolue.

Mais supposons : 1° qu'au lieu d'inciser complétement la tige de l'arbre, on n'incise qu'une branche, de façon qu'il en reste d'autres, intactes, pour absorber et transmettre, aux racines la séve élaborée par les feuilles ; 2° que l'on choisisse pour victime (car une branche incisée est une branche sacrifiée) une branche inutile, un rameau qui doit être supprimé après une seule année de végétation atrophiée ; 3° qu'au lieu d'enlever un collier d'écorce, on se borne à couper les couches corticales par une incision simple, une fissure périphérique, sans en détacher la moindre parcelle..... Ne respecterait-on pas les lois de la nature, tout en cherchant à bénéficier de l'incision ?

Mieux que tout autre végétal, la vigne se prête parfaitement à cette combinaison. D'abord, la séve y est abondante, attirée par un large feuillage et rencontrant des canaux ligneux en grand nombre et d'un fort calibre ; et ensuite, la majorité des systèmes de taille repose sur une donnée bien simple : Tailler long une branche pour en récolter le fruit, à la condition que sur la même souche, on taille court une autre branche pour remplacer la première lors de la taille suivante. D'un autre côté, la structure des tissus de la vigne, privés pour ainsi dire de liber et de couches corticales, admet l'incision simple et circulaire, au même titre que l'incision double et annulaire.

On a parlé de la torsion du long bois, de la strangulation,

de la perforation ; leur effet est moins énergique que l'annellation. Ces obstacles au cours de la séve excitent encore le développement des bourgeons de remplacement ménagés sur le courson, et l'incision simple ne provoque pas de pléthore ni la chute prématurée des feuilles au-delà de l'entaille, autant que la décortication annulaire.

Notre raisonnement conduit à dire que l'incision serait plus profitable à une vigne taillée long qu'à une vigne soumise à la taille courte.

Nous ferons encore une observation. En 1856, M. Hardy, le vénérable jardinier en chef du Luxembourg, à Paris, nous déclarait au Congrès pomologique de Lyon, que pour s'opposer à l'avortement du *Chasselas gros coulard,* il suffisait de greffer le plant sur lui-même ou sur d'autres cépages. N'y aurait-il pas lieu de supposer que le point de soudure de la greffe, formant en quelque sorte bourrelet, joue le rôle de filtre de la séve, à la façon de l'incision simple ? Il est prouvé que le bourrelet de la greffe n'est pas étranger à la fructification relativement supérieure du poirier greffé sur le coignassier.

PRATIQUE DE L'INCISION. — A l'origine de l'incision, on se servait de couteau, de serpette, ou de ciseaux pour couper l'écorce ; on agissait même par strangulation à l'aide d'un corps dur. Plus tard, on inventa des pinces à lames doubles, fixes ou mobiles, séparées par un intervalle de quelques millimètres pour découper une lanière transversale d'écorce d'une largeur équivalente. Cet outil dit bagueur, coupe-séve ou inciseur, est indispensable pour pratiquer l'incision double ou annulaire.

La vigne se prêtant à l'incision simple ou circulaire, on peut se contenter d'une pince à lames simples, comme des ciseaux à couture, légèrement acérées, échancrées à leur point de contact. On va beaucoup plus vite en besogne et l'outil, dit ciseau-inciseur, coûte dix fois meilleur marché.

Le ciseau-inciseur a été perfectionné à Beaune, en 1869, par MM. Jules Ricaud, viticulteur d'élite, Joseph Gagnerot, vigneron, propagateur de l'écussonnage de la vigne, et Refroigney, fabricant, au moyen de la denture du tranchant et de la monture de la lame sur bois, avec retraite formant point d'arrêt; de telle sorte que la lame mâche l'écorce pour en retarder la cicatrisation, et ne pénètre pas trop profondément, par la présence du point d'arrêt.

L'époque la plus favorable à l'opération est pendant la floraison de la vigne, plutôt au début qu'à la fin, c'est-à-dire qu'il y aura plus d'efficacité à inciser sous une grappe qui commence à épanouir que sous une grappe défleurie. Le fluide circonscrit tardivement pourrait encore seconder la maturation du fruit, et prévenir l'atrophie de raisins noués, susceptibles d'être débordés par une végétation foliacée excessive, résultant de pluies abondantes et continues.

On pratique l'incision immédiatement au-dessous de la grappe — à quelques yeux près, — une incision au-dessus des grappes produirait un effet diamétralement opposé. Une petite expérience aide à le prouver. Incisez entre deux grappes : celle qui est au-delà du cran sera vermeille et en maturité, tandis que la grappe placée en dessous sera maigre et en état de véraison.

On a le soin de ne point opérer une branche destinée à continuer l'ossature du cep, et de ne point meurtrir la base du sarment qui sera conservé sous forme de courson lors de la taille subséquente.

D'après la constitution anatomique de la vigne, on opère avec un succès égal sur une branche de deux ans portant plusieurs pampres, ou sur un scion herbacé, au-dessous des grappes que l'on veut favoriser. Avec une branche garnie de rameaux fructifiants, une seule incision pratiquée à sa base agit sur tous les rameaux placés au-dessus d'elle. Nous répétons encore que cette branche sera supprimée à la taille, et n'entre point dans la charpente du cep.

Donc, si l'on a conservé un long bois arqué, ployé, incliné ou dressé, il suffira de pratiquer l'incision sur la partie ligneuse au-dessous de l'empâtement des scions portant fruits, et au-dessus des scions que l'on doit conserver l'année suivante pour former le futur courson de remplacement et la future branche à fruit.

On comprendra qu'il est inutile d'inciser les branches stériles, et que d'autre part, on peut doubler l'effet de l'annellation sur un cep fertile, en incisant les scions herbacés fructifiants d'une branche à long bois déjà incisée à sa base. C'est une question de temps.

L'incision sur le rameau herbacé se fait plus lentement, parce que non-seulement les tissus encore tendres réclament une attention délicate de l'opérateur, mais en cette saison, les rameaux herbacés sont plus nombreux sur un cep que les rameaux ligneux. Quand on n'incise pas tout en même temps, on peut commencer par opérer le vieux bois, et finir par les jeunes scions.

Si le rameau herbacé ne doit pas être supprimé à la taille, il vaudra mieux l'inciser sur le bois ligneux, au-dessous de son empâtement; l'expérience ayant prouvé que l'annellation compromet moins l'avenir d'une branche ligneuse que d'un scion herbacé.

Pour opérer, on tient l'instrument avec une seule main, tandis que l'autre main soutient le brin à inciser. Puis, saisissant le rameau entre les lames, on imprime à l'outil un mouvement tournant, alternatif de droite à gauche, le rameau représentant l'axe de rotation, de telle sorte que la coupure de l'écorce soit régulière sur la circonférence du rameau. L'écorce de la vigne étant pour ainsi dire confondue avec l'aubier à l'état parenchymateux, il ne faut pas appuyer trop fort sur l'outil, sans quoi le rameau tomberait. D'ailleurs, un palissage préalable ne serait pas superflu pour assurer la solidité des rameaux.

Le bagueur, ou pince double, nécessite le nettoyage des

lames et le dégorgement de l'écorce qui s'y amasse; la cisaille simple ne réclame pas autant de soins.

Le praticien expérimenté sait aggraver la plaie avec l'outil par un imperceptible tremblement de la main qui tient
la pince, à moins qu'il n'emploie l'inciseur en scie.

Une vigne qui sera détruite après la vendange peut, sans
inconvénient, être incisée à outrance, sur toutes les branches à fruit, jeunes ou vieilles, herbacées ou lignifiées, et
même au collet du cep.

On peut inciser sans crainte un rameau destiné au provignage : la section transversale facilitera l'émission des racines sur le brin couché en terre.

En tout état de choses, toute mutilation violente d'un
plant souffrant, fatigué, débile, d'une branche étiolée, serait plus pernicieuse que profitable.

La main-d'œuvre est insignifiante en raison des résultats
à obtenir. Jadis, il fallait quinze jours pour mal inciser un
hectare avec une serpette. Aujourd'hui, avec les outils
spéciaux, quatre jours suffisent et le travail est bien fait.

COMMENTAIRES SUR L'INCISION. — *Expériences depuis
un siècle; qualités des vins; variétés rebelles.* — L'origine de l'incision annulaire n'est ni connue ni moderne;
nous ne chercherons pas à en établir l'histoire. Remontons
seulement au siècle dernier, en nous appuyant sur des documents précis, authentiques, et sur les expériences d'hom-
mes sérieux, justement renommés.

Dès 1733, Buffon voulant imiter les Anglais, décortiqua
la base d'arbres forestiers une année avant de les abattre,
afin d'accumuler la sève descendante dans leurs tissus, et
d'augmenter la densité du bois. L'aubier, qui devient par-
fait au bout de quinze ans, avait acquis plus de poids que le
cœur d'arbres non opérés. Continuant ses expériences sur
les arbres fruitiers, l'illustre naturaliste reconnut que l'incision augmentait la fécondité des arbres, et rendait les

fruits plus beaux et plus précoces en maturité. Il n'hésita pas à en recommander l'emploi sur les végétaux riches en séve et plus vigoureux que fructifères.

Olivier de Serres parle de la torsion du pédoncule des raisins et de l'incision des oliviers. L'édition de son ouvrage annotée par François de Neufchâteau, contient, sur l'annellation, des citations de travaux postérieurs à l'existence du père de l'agriculture française.

A la suite de nombreux essais, plusieurs agronomes et botanistes, dont le nom fait autorité, ont apprécié favorablement l'incision. Tels sont : Duhamel, Lancry, l'abbé Rozier, Parmentier, Surisay-Delarue, Cabanis, Bosc, André Thouin, Calvel, Pfluguer, Hempel, de Candolle, Féburier, Thiébaut de Bernaud, C. Bailly, Raspail, Noisette, Poiteau, comte Odard, Gaudry, Chopin, Vibert, etc.

P. de Candolle (*Physiologie végétale*, 1. II, chap. V), parle de raisins de Corinthe dans un jardin de Genève, qu n'ont pas coulé sous l'influence du *baguage*.

Cabanis fait la même réflexion, en 1802, à l'occasion « d'un cep de vigne stérile rendu fécond. »

Parmentier, qui rédigea l'article « Vigne » dans le *Cours complet d'Agriculture* (1800), de l'abbé Rozier, engage, une fois l'incision accomplie, à remplacer la pellicule de la solution de continuité, par un fil de laine, pour mieux assurer l'obstacle à la coulure.

En 1809, Bosc, inspecteur des pépinières de l'Etat, dans le *Nouveau Cours d'agriculture*, exprime le vœu que l'usage de l'incision soit plus répandu.

Dans son *Cours de Culture* (1827), André Thouin, professeur de culture au Muséum, auteur de nombreuses expériences sur cette question, conseille l'emploi de l'incision, lorsque la séve est surabondante.

Notre compatriote, le comte Lelieur, de Ville-sur-Arce, né comme le docteur Jules Guyot, de Gyé-sur-Seine, dans l'arrondissement le plus viticole et le plus bourguignon du département de l'Aube, redoute la cassure du sarment (*Po-mone française*; 1816) et ne « cerne » que des tissus fermes, quand le grain de raisin est « parvenu à la grosseur du plomb de chasse n° 3. »

La même crainte inspire Louis Noisette (*Jardin fruitier*, 1821) qui préfère l'application de l'incision sur une branche de l'année précédente. Ces craintes, exprimées de nos jours par M. Th. Denis, arboriculteur distingué à Lyon, disparaissent avec l'emploi du palissage et de la cisaille simple.

En 1834, Chopin, de Bar-le-Duc, conseillait la culture du poirier en fuseau avec une incision annulaire au collet de l'arbre pour le forcer à fruit. Un pareil procédé est trop radical; il précipite le dépérissement et la mort de la plante.

La *Revue horticole*, l'*Horticulteur français*, etc., et divers journaux agricoles et viticoles, ont reproduit des relations intéressantes sur l'annellation.

Le défenseur le plus renommé de l'incision annulaire fut Lambry, pépiniériste à Mandres (Seine-et-Oise), secondé par son fils, octogénaire aujourd'hui. Pendant plus de quarante années consécutives, il opéra sur plusieurs champs de vignes qui lui appartenaient. Il prétend avoir appliqué le premier l'incision de la vigne, en 1776, et la pratiqua jusqu'à sa mort, arrivée en 1827.

Nous avons compulsé les documents publiés à cette occasion; ils sont très-élogieux :

1° Rapport des commissaires délégués par le ministère de l'Intérieur, sous la présidence du comte Davoust (an V);

2° Rapport de M. Vilmorin père à la Société d'agriculture de la Seine (20 messidor an VIII);

3° Procès-verbal du 6 octobre 1816, signé par les maires du canton, contresigné par Giron, juge de paix, Bellard, procureur impérial, et constatant l'incision de 43 ares de vignes;

4° Rapport par MM. Yvart et Vilmorin fils à la suite duquel la dite Société centrale d'agriculture décerna à

Lambry une médaille d'or, dans sa séance publique du 13 avril 1817 (récompense très-rare à cette époque);

5° Notices intitulées : *L'Opération proposée pour empêcher la coulure des vignes, et les expériences qui en ont prouvé l'avantage*, par Lambry (*Annales de l'Agriculture française*, t. I et IV);

6° Brochures avec gravures : *Exposé d'un moyen mis en pratique pour empêcher la vigne de couler et hâter la maturité du raisin*, par Lambry (1re édition 1796 ; 2° en 1817 ; 3° en 1818);

7° Note sur Lambry et sur l'incision, par M. Vibert (Société centrale d'horticulture de France, 1859).

Ces pièces attestent, sans la moindre restriction, le succès prodigieux obtenu par Lambry contre la coulure de la vigne et constatent une maturité précoce de 15 jours. La comparaison avec les vignes voisines, surtout en 1816, année pluvieuse et favorable à la coulure, fut telle « que « les cultivateurs les plus incrédules ont dû se rendre à « l'évidence. » En effet, à peine voyait-on çà et là dans leurs champs, quelques grappes petites, presque vertes, dépouillées de la moitié de leurs grains, pendant que Lambry vendangeait des raisins abondants, garnis de grumes gonflées et colorées, en complète maturation.

M. Vibert, l'heureux père de jolies roses et de raisins succulents, voisin de Lambry, et qui assista aux visites officielles précitées, disait en 1859, à la Société d'horticulture de Paris : « J'ai visité les vignes de Lambry ; la différence » entre celles qui avaient été opérées et les autres était si » frappante et si prononcée que les quarante-deux ans » d'intervalle qui me séparent de cette époque, n'ont » pu effacer de ma mémoire l'impression que je ressentis » alors. » Sa notice se termine par cette phrase qui n'a rien perdu de son actualité : « Peut-être l'incision annu-» laire n'a-t-elle pas encore dit son dernier mot. »

A la suite de toutes ces délégations et publications, il se

fit un grand bruit autour du nom de Lambry et l'incision devint un engouement. N'avait-on pas entendu, d'ailleurs, à l'ouverture des Chambres, sous le premier empire, le comte de Montalivet, ministre de l'intérieur, tracer dans son discours le tableau prospère de la France, sous le rapport du progrès des sciences, des arts, des manufactures, et en particulier de l'agriculture, et annoncer l'abondance que *l'heureuse découverte* de l'incision annulaire allait répandre sur notre pays! (Cet incident nous rappelle que, sous le deuxième empire, le ministre de l'agriculture fit pressentir, au Corps législatif, une récolte extraordinaire de céréales, avec la fécondation artificielle des blés *inventée* par Hoïbrenck!). Quoi qu'il en soit, chacun voulut tenter l'expérience de l'incision, et ainsi qu'on pouvait le prévoir, le hasard, la maladresse et le manque d'indications précises vinrent assombrir le tableau; désormais le désenchantement fut égal à l'enthousiasme.

Thiébaut de Bernaud en résuma les faits principaux dans le *Manuel du Vigneron français* (1825). Ainsi l'Ariége, l'Hérault et la Gironde se plaignirent de la rupture du sarment incisé et du raisin grillé, sans se rendre compte que l'entaille profonde et l'absence du palissage avaient amené le premier inconvénient, et une chaleur prématurée, le second.

Dans la région du Rhône, de l'Ain et de la Loire, on reconnut les bons effets de l'incision transversale; mais l'opération ayant porté sur la tige et les branches principales du cep, les plants devinrent souffrants.

En Champagne, on parut regretter la coulure qui donnait à la cuve des grappes moins compactes, préférables pour les vins mousseux. — Bons Champenois, que n'observiez-vous les préceptes de La Quintynie? Le célèbre jardinier de Louis XIV engage à faire couler les *Muscats* trop serrés, en projetant de l'eau en pluie sur les fleurs au moyen d'une pompe ou d'un arrosoir......!

La satisfaction, au contraire, fut complète dans les départements de Seine-et-Oise, de Seine-et-Marne, de l'Aisne, de la Moselle, de la Vendée, des Deux-Sèvres, et au midi, dans les Basses-Pyrénées et sur la rive méridionale du Rhône. Peu ou point de coulure; vendange précoce.

L'Yonne et la Meurthe rentraient aussi dans les contrées satisfaites; mais tandis qu'en Lorraine, on trouva le vin des vignes incisées plus alcoolique, il était déclaré plus acide en Bourgogne. Une semblable incertitude se manifesta dans la Côte-d'Or ; à Beaune, l'incision, jadis appelée *contrôlage,* ne bonifia pas le vin, pendant que d'autres cantons se réjouirent de cueillir un raisin plus gros, plus sucré, plus hâtif de vingt jours.

Le rapport des préfets de la Côte-d'Or et de l'Yonne fut invoqué par Aubergier, de Clermont-Ferrand, pour critiquer le *bistournage* dans sa *Nouvelle Méthode de Vinification,* comme étant hostile à la richesse alcoolique et au bouquet du vin.

Ne vit-on pas jusqu'aux vignerons de Meudon qui firent retentir les échos de Suresnes et d'Argenteuil par d'ingrates clameurs; leurs vins étaient pâles et moins généreux sur les vignes crénelées! Ils avaient sans doute vendangé sur les apparences de la coloration, sans se rendre compte du degré de maturation de la pulpe.

Le comte Odard, le célèbre ampélographe, pratiqua la « *circoncision* » pendant une vingtaine d'années, et la recommanda contre la coulure : 1° Quand le thermomètre est au-dessous de 10 + 0. ; 2° Quand la pluie est interrompue fréquemment ; 3° Quand le brouillard, plus funeste encore, est terminé par des coups de soleil ardents ; 4° Quand le sol est argileux. — Son *Manuel du Vigneron* fait des réserves en ce qui concerne la qualité du vin.

Plus affirmatif, M. Laujoulet, de Toulouse, signale l'amélioration du vin comme étant une des trois propriétés de l'incision.

Dans la même région, M. Henri Marès, de Montpellier, suppose que l'incision altère la qualité du vin, malgré la hâtiveté du raisin ; mais il ne base cette hypothèse sur aucune expérience.

En remontant vers le Nord, nous sommes en présence de viticulteurs intelligents, opérant sur de grandes surfaces et se déclarant très-satisfaits du cran annulaire pour la récolte abondante, la vendange précoce et le vin amélioré. M. Belly de Bussy, conseiller général de l'Aisne, l'un des plus grands propriétaires de vignes, assure dans les *Annuaires de l'Aisne* de 1820 à 1825 que dans le Laonnais, l'incision a produit un vin plus abondant et meilleur. Sur dix arpents, il a récolté dix fois plus que ses voisins, à surface égale, et il en attribue l'avantage à l'incision annulaire.

Vers la même époque, M. de Maud'huy, conseiller de préfecture de la Moselle, et le colonel d'artillerie Bouchotte, frère du ministre de la guerre, étudiaient l'incision au point de vue théorique et pratique et concluaient en sa faveur devant *l'Académie de Metz* (1828) et dans le *Bulletin des sciences agronomiques* (t. XII). Une vigne de 35 ares fut incisée en 1821 ; on la vendangea quinze jours avant les vignes voisines ; or, tandis que celles-ci étaient ravagées par la coulure, l'autre en était exempte, et se trouvait abondamment chargée de raisins. Le colonel Bouchotte répéta l'opération pendant plusieurs années avec le même succès. Il faut dire que dans son mode de culture, la branche à fruit est retranchée annuellement et le provignage vient renouveler le cep tous les cinq ou six ans. Les inconvénients de la décortication sont ainsi atténués.

Les vignerons qui procèdent par recouchage annuel pourraient donc essayer l'incision, sans craindre de fatiguer leur plant.

Poursuivant nos recherches sur l'incision, nous rencontrons deux précieux documents dans la *Bibliothèque physico-économique* : l'un, en 1811, par Calvel, sur la *Culture du Chasselas*, l'autre, en 1825 (cahier d'avril), par Bailly de Merlieux, *note sur l'Incision annulaire*. L'opération y est recommandée sagement, on ne dirait pas mieux aujourd'hui.

Cette dernière brochure (tirée à part comme celle de Calvel), fait allusion à l'incision simple dont nous avons parlé. « Nous terminerons, dit G. Bailly, en rapportant une
» expérience faite par quelques simples vignerons, qui ont
» voulu pratiquer l'incision annulaire, connue chez eux
» sous le nom de *ronnage*, sans faire la dépense d'un séca-
» teur annulaire. Ce procédé consiste à faire l'incision
» avec des ciseaux ordinaires, c'est-à-dire simplement à in-
» ciser l'écorce, Il est évident que dans le premier moment
» la séparation existe, et, tant qu'elle dure, les effets de
» l'incision doivent se manifester ; car la sève momentané-
» ment en effet, mais instantanément, est accumulée dans
» le système cortical ; la coulure doit donc cesser, et bien-
» tôt la circulation, rétablie par la guérison de cette lé-
» gère plaie, ne permettra pas aux racines de souffrir d'une
» manière sensible. Les effets de ce moyen appellent l'at-
» tention du cultivateur et méritent d'être suivis. »

Quelques années plus tôt, l'*Atlas du Manuel théorique et pratique du Vigneron français* figurait, à côté des bagueurs à double lame, « le ciseau-inciseur de Molleville « et Régnier. » L'outil a l'aspect d'un sécateur, il est à lame simple, le profil du biseau est convexe au lieu d'être évidé, ce qui facilite moins la prise du sarment comme avec la pince fabriquée en Auvergne, province où l'incision simple, la fissure périphérique, est toujours en honneur.

C'est principalement dans le département du Puy-de-Dôme, et cela depuis plus de cinquante ans, que les vignerons *bistournent,* suivant une expression locale, c'est-à-dire incisent leurs vignes. Là, le climat variable, le sol riche en éléments volcaniques, le cépage très-vigoureux, la taille à long bois avec courson de remplacement, le palissage de l'*arquet* ou de la *vinouse* contre l'action du vent, et la maturité tardive du raisin favorisent l'application et l'action du bistournage.

En juillet et en septembre 1869, une commission composée de MM. Fleury-Lacoste (Savoie), Laurens (Ariége), de la Loyère (Côte-d'Or), Gaudais (Alpes-Maritimes), du Miral (Cantal), Jaloustre (Puy-de-Dôme) et Charles Baltet (Aube), fut déléguée par le ministre de l'agriculture pour examiner les effets de l'incision chez M. Éd. de Tarrieux à Saint-Bonnet près Vertaizon (Puy-de-Dôme). Nous avons constaté que, continuant la tradition paternelle, M. de Tarrieux pratiquait l'incision simple depuis vingt ans sur un quart de son vignoble (soit 4 hectares). Le manque de bras, au printemps, l'empêchant de l'étendre davantage, il en profite pour opérer chaque champ de vigne à peu près tous les quatre ans. Il n'y a guère que les vieilles vignes, arrivées à leur terme, qui soient incisées sans trève ni merci.

On se sert de la pince à lames simples ; son prix est de 1 franc. Le commerce répandu des couteliers de Clermont prouve que le bistournage n'est pas encore abandonné en Auvergne.

Cette persévérance de M. de Tarrieux avait été rapportée dans le *Journal d'agriculture pratique* par MM. Dubreuil et Jules Guyot ; ce dernier y revient dans ses *Etudes des vignobles de France* et dans son *Rapport sur la viticulture à l'Exposition universelle de 1867* : « L'incision
» annulaire, dit le docteur Jules Guyot, pratiquée au mo-
» ment de la floraison, empêche la coulure, fait grossir
» le raisin, avance sa maturité et donne de meilleur
» vin. »

La question de la qualité des vins divise même les partisans de l'incision. Les uns, s'appuyant sur la présence dominante de séve élaborée par les feuilles, moins froide que la séve brute des racines, trouvent le raisin incisé meilleur et son vin moins bon. D'autres, et M. de Tarrieux est du nombre, croient au contraire que ce raisin est inférieur en qualité, et son vin supérieur. Les vins de Saint-Bonnet, provenant de vignes incisées, dégustés par notre Commission, ont été trouvés de meilleure qualité que les autres.

Soumis au pesage gleucométrique, les moûts ont donné :

Raisins incisés :

227,5   grammes de sucre par 1,000 gr. de moût ;
13,25   —   d'alcool
14,7   —   Baumé.

Raisins non incisés :

217,5   grammes de sucre par 1,000 gr. de moût ;
12,7   —   alcool
14,25   —   Baumé.

L'expérience eut lieu le 15 octobre 1869 ; nous l'avions déjà tentée un mois plus tôt avec les mêmes plants, et le succès n'était pas encore complétement acquis aux fruits incisés.

Un membre de la Commission, M. Laurens, président de la Société d'Agriculture de l'Ariége avait appliqué au printemps 1869, l'incision sur 15 cépages différents plantés sur une surface de 18 ares et cultivés en treilles à longs cordons. Afin d'égaliser les chances, une seule branche par cep fut incisée, soit 600 branches ; bien que notre collègue opérât pour la première fois en se servant d'un couteau, la coulure fut paralysée à ce point que la récolte fut évaluée à un quart en plus. Vers la fin de septembre, les moûts, contrôlés avec une exactitude rigoureuse au gleucomètre, donnèrent l'avantage aux raisins incisés.

En voici, d'autre part, le tableau synoptique inséré dans le *Journal d'Agriculture* des sociétés de la Haute-Garonne et de l'Ariége (novembre 1869) :

CÉPAGES	RAISINS INCISÉS			RAISINS NON INCISÉS			DIFFÉRENCES EN CENTIÈMES DE SUCRE		
	Degrés de Baumé	Alcool centième	Sucre centième	Degrés de Baumé	Alcool centième	Sucre centième	supérieure	égale	inférieure
Gamai de Liverdun.	12 3/4	15 3/4	24 3/4	12 1/2	15 1/2	24	0 3/4	»	»
Pineau blanc......	13	16	25	12	14 3/4	23	2	»	»
Riesling	10 1/2	13	20 1/4	9 1/4	11 1/2	18	2 1/4	»	»
Mataro (ou Canari).	10 1/2	13	20 1/4	10	12 1/2	19 1/2	0 1/2	»	»
Cabernet Sauvignon	10 1/4	13	20 1/4	10 1/4	12 1/2	19 3/4	0 1/2	»	»
Sauvignon rose....	12	14 3 4	23	11 12	14 1/4	22	1	»	»
Sémillon blanc.....	10 1 2	13	20 1/4	10	12 1/2	19 1/2	0 3/4	»	»
Muscadet (Sauterne)	12	14 3/4	23	12	14 3/4	23	»	0	»
Pineau noirien	12 3/4	15 3/4	24 1/2	12 3/4	15 3/4	24 1/2	»	0	»
Mausac blanc......	11 1/4	13 3/4	21 1/2	11 1/4	13 3/4	21 1/2	»	0	»
Mausac rose......	11 1/4	13 3/4	21 1/2	10 3/4	13 1/4	20 1/2	1	»	»
Petite syrah......	12	14 3/4	23	12	14 3/4	23	»	0	»
Furmint de Tokay.	11 1/2	14 1/2	22	11 1/2	14 1/4	22	»	0	»
Roussane.........	11 1/4	13 3/4	21 1/2	11 3/4	14 1/2	22 1/2	»	»	1
Œillade	11	13 1/2	21	9 3/4	12	18 3/4	2 1/4	»	»

Quinze jours après, plusieurs cépages, entr'autres le *sé-millon blanc* et le *sauvignon rose* incisés avaient encore gagné de 4 à 6 centièmes de sucre, alors que quinze jours plus tôt les raisins non incisés avaient l'avantage sur plusieurs points.

Une semblable variation entre les épreuves s'étant manifestée à Saint-Bonnet nous l'avons notée mathématiquement dans notre Rapport au Ministre.

Il serait intéressant de constater si le raisin forcé dans son développement réclame une récolte relativement plus tardive ou si son grossissement est plus sensible au temps de la coloration et de la maturité, ou encore si ce fait bizarre est la conséquence de la sécheresse persistante de l'été de 1869 qui a durci prématurément le raisin incisé, en le colorant trop vite, en dilatant sa pellicule, et les pluies de l'automne ayant rétabli l'équilibre dans sa croissance anticipée.

D'ailleurs, les appréciations si diverses à propos de l'annellation proviennent de l'absence d'expériences comparatives, où il serait tenu compte de la température pendant le développement du raisin, du degré relatif de maturation, et des principes saccharins propres à chaque cépage. Il faudrait un point de départ uniforme pour que l'on puisse exprimer un jugement équitable.

M. Bourgeois, amateur au Perray, près de Rambouillet, qui entretient souvent la Société centrale d'horticulture de France des avantages de l'incision sur les raisins de table et de pressoir, nous écrivait que l'année 1869, trop sèche au printemps, ne lui avait point permis de *baguer* ses treilles, et lorsque la pluie vint ranimer la végétation, il était trop tard. Mais ce fait n'a pas été remarqué dans le vignoble de Bar-sur-Seine, où M. Marcel Voudenet applique l'incision sur les longs bois avec un succès constant.

Tous les cépages ne se prêtent pas à l'incision avec les mêmes chances ; il y a sans doute là une question de tempérament. Avec la *Roussane* qui baisse dans l'Ariége, sous l'influence de la décortication, nous citerons la *Panse jaune* et le *Chasselas Napoléon* qui restent coulards au jardin botanique de Dijon, malgré le cran circulaire que leur inflige l'habile jardinier en chef, M. J. Weber, à côté de cépages exotiques, parfaitement dociles à l'incision. Chez M. Pulliat, viticulteur émérite du Beaujolais, le *Malvoisie jaune de la Drôme*, qui a une propension à la coulure, noue presque tous ses grains depuis dix ans qu'on l'incise, et le *Joannenc charnu* ou *Lignan du Jura*, moins sujet à l'avortement, reste insensible à la blessure annulaire. M. Vibert, adepte de l'incision, retiré à Angers, par suite des ravages du ver blanc, se plaignait en 1859 que la *Grosse Perle blanche* résistât à l'annellation.

En effet, nous n'avons jamais pu empêcher la coulure sur cette variété capricieuse et sur quelques autres du même genre. Mais l'intérêt dominant est avec les races de grande culture. Or, nous avons parfaitement réussi avec le premier de nos raisins de table, le *Chasselas*, et avec les cépages à cuve de nos contrées, les *pineaux*, les *gamais*; comme confirmation, nous invoquons le témoignage de deux autorités agricoles, qui en ont jugé *de visu* et *gustu*. A l'automne 1866, M. Lembezat, Inspecteur général de l'agriculture, lors de sa mission officielle dans notre établissement, fut frappé de la fertilité des ceps incisés, de la grosseur des raisins et de leur maturité précoce. Le 2 octobre 1864, M. le docteur Jules Guyot visitait nos pépinières. Il accorda une large part d'éloges à nos vignes incisées, dans son *Rapport au Ministre sur la Viticulture du centre-nord de la France* (1866, p. 324), dans le *Journal d'Agriculture pratique* (5 juin 1865), et dans son remarquable ouvrage : *Etudes des Vignobles de France* (tome III, p. 117).

Devant les faits produits par MM. Baltet frères, dans l'Aube, et les succès constants de M. de Tarrieux, dans le Puy-de-Dôme, notre honorable compatriote se déclare converti : « Je reconnais donc, écrit-il, et je proclame au
» jourd'hui l'importance de l'incision annulaire ; j'invite
» tous les viticulteurs, surtout ceux qui emploient les bran
» ches à fruits, à l'essayer. »

Et dans ses *Etudes des Vignobles de France* (t. III, p. 642) : « *L'incision annulaire*, pratiquée un peu avant
» la floraison, est un moyen très-efficace de conjurer à
» peu près toutes les causes de la coulure. Elle augmente
» le volume des grappes et en avance la maturité. C'est un
» moyen éprouvé et qui prendra un rang distingué dans la
» viticulture progressive. »

DES CAUSES SECONDAIRES DE LA COULURE

Après la VÉGÉTATION EXCESSIVE, la VÉGÉTATION CHÉTIVE et les INTEMPÉRIES qui sont les premières conditions propices à la coulure des raisins, nous reconnaissons des causes secondaires qui se manifestent quelquefois, mais il est facile d'y obvier, et nous en indiquerons de suite le moyen. Ainsi :

1° L'*humidité du sous-sol* sera soutirée par un drainage de fascines, de pierrailles, de tubes ;

2° Le *sol imperméable* refuse toute culture pendant la floraison ;

3° Les *labours à contre-temps*, pendant la pluie, les rosées froides ou les brouillards intenses, seront désormais bannis du vignoble ;

4° Une *taille trop courte* sur des plants fougueux nécessitera une réforme par la taille combinée ;

5° La *surabondance de fleurs* conduira à l'ablation d'une bonne partie des grappes et des brins trop chargés et à une restauration par la fumure ;

6° L'*affaiblissement des ceps* après un hiver rigoureux, précédé d'un automne pluvieux et froid, ou à la suite de grêle, se réparera avec les recépages et les amendements substantiels ;

7° A la *prodigalité d'engrais* succédera l'abstinence et l'avarice ;

8° La *coulure chronique* et la *stérilité* de ceps incorrigibles obligeront à une replantation nouvelle, ou au greffage (greffe en fente sous terre) des plants défectueux, s'ils sont jeunes et robustes, en ayant recours à des cépages féconds, peu sujets à l'avortement.

Tels sont les procédés les plus accrédités pour combattre la coulure du raisin. Sont-ils d'une efficacité absolue? Personne n'oserait l'affirmer ; car, dans la nature, les effets varient par suite de causes indéfinissables, qui ne se renouvellent pas chaque année dans le même ordre.

Mais les bons résultats de ces procédés acquis par l'expérience, la persévérance et l'observation des faits, suffisent pour leur donner entrée dans le champ de vigne qui produit le vin, aussi bien que sur les treilles destinées à la simple consommation du raisin.

On l'a dit et répété : l'Horticulture est le laboratoire de l'Agriculture. C'est généralement à son creuset que sont éprouvées les méthodes nouvelles et les plantes inédites avant leur vulgarisation dans le domaine agricole. D'ailleurs, la vigne n'est-elle pas un lien qui soude le champ au verger? Ne voyons-nous pas nos professeurs d'arboriculture étendre leur enseignement du jardin au vignoble?

Par réciprocité, en 1867, la viticulture, admise pour la première fois aux Expositions universelles, n'a-t-elle pas choisi un pépiniériste pour l'organiser?

Et les vignerons, ne montrent-ils pas chaque jour une disposition à devenir jardiniers, soit en améliorant leurs cultures traditionnelles, soit en concourant à l'approvisionnement des grandes villes par des expéditions de raisins?

Il appartient donc au vigneron et au jardinier, au propriétaire de vignoble et à l'amateur de jardins, de se liguer contre l'ennemi commun, la mauvaise routine, et de rechercher les perfectionnements qui pourraient illustrer encore un des plus riches joyaux de l'agriculture nationale, la VITICULTURE FRANÇAISE !

TABLE

9 782019 223601